大豆的故事

为什么我们需要『转基因』

蒋玮　吴潇　著

上海科学技术出版社

图书在版编目（ＣＩＰ）数据

大豆的故事 / 蒋玮，吴潇著. -- 上海 ：上海科学
技术出版社，2022.12
（为什么我们需要"转基因"）
ISBN 978-7-5478-5949-0

Ⅰ. ①大… Ⅱ. ①蒋… ②吴… Ⅲ. ①转基因植物－
大豆－少儿读物 Ⅳ. ①S565.1-49

中国版本图书馆CIP数据核字(2022)第214233号

大豆的故事

蒋　玮　吴　潇　著

上海世纪出版（集团）有限公司
上海 科 学 技 术 出 版 社　出版、发行
（上海市闵行区号景路 159 弄 A 座 9F–10F ）
邮政编码 201101　　www. sstp. cn
上海展强印刷有限公司印刷
开本 787×1092　1/16　印张 6.25
字数 90 千字
2022 年 12 月第 1 版　2022 年 12 月第 1 次印刷
ISBN 978–7–5478–5949–0/S·247
定价：48.00 元

序一

植物驯化与改良成就了人类文明

遥想在狩猎采集时代，当原始人类漫步在丛林中采摘野果充饥时，他们绝不会想到，手中这些野生植物的茎、叶、果实，会在后世衍生出那么多的故事。反之，当现代人忙碌穿梭在清晨拥挤的地铁和公交之间时，他们也不会想到，手中紧握的早餐，却封藏着前世的那么多秘密。你难道不对这些植物的故事感兴趣吗？

从原始的狩猎采集到现代的辉煌，这是一段极其漫长的时光，但是在宇宙运行的轨迹中，这仅仅是短暂的一瞬。在如此短暂的瞬间，竟然产生了伟大的人类文明和众多的故事，这不能不说是一个奇迹。但这些奇迹却由一些不起眼的野生植物和它们的驯化与改良过程引起，这就是我们不知道的秘密。

最初，世间没有栽培的农作物，但是在人类不经意的驯化和改良过程中，散落在自然中的野生植物就逐渐演变成了栽培的农作物，而且还成就了人类的发展和文明，产生了许多故事。你能想象，一小队不断迁徙、疲于奔命，永远在追赶和狩猎野生动物、寻找食物的人群，能够发展成今天具有如此庞大规模的人类和现代文明吗？而另一群人，能够开启大脑的智慧，驯化和改良植物，定居下来、守候丰收、不断壮大队伍，有了思想和剩余物质和财富的人类，一定能够走进文明。

因此，植物驯化是人类开启文明大门的里程碑，栽培植物的不断改良是人类发展和文明的催化剂。

植物驯化和改良为人类提供了食物的多样性和丰富营养，包括主粮、油料、蔬菜、水果、调味品，以及能为人类抵风御寒和遮羞的衣物。这些栽培农作物的背后有着许多有趣的科学故事，而且每一种农作物都有属于自己的故事。但这些有趣的科学故事，不一定为大众所熟知。就像农作物的祖先是谁？它们来自何方？属于哪一个家族？不同农作物都有何用途？如何在改良和育种的过程中把农作物培育得更加强大？经过遗传工程改良的农作物是否会存在一定安全隐患？

这些问题，既令人兴奋又让人感到困惑。然而，你都可以在这一套"为什么我们需要转基因"系列丛书的故事中找到答案。

　　丛书中介绍的玉米是世界重要的主粮作物，也是最成功得到驯化和遗传改良的农作物之一，它与水稻、小麦、马铃薯共同登上了全球 4 种最重要的粮食作物榜单。玉米的起源地是在中美洲的墨西哥一带，但是现在它已经广泛种植于世界各地，肩负起了缓解世界粮食安全挑战的重担。

　　大豆和油菜不仅是世界重要的油料作物，而且榨过油的大豆粕和油菜籽饼也大量作为家畜的饲料。在中国，大豆和油菜更是作为重要的蔬菜来源，我们所耳熟能详的美味菜肴，如糟香毛豆、黄豆芽、各类豆腐制品、爆炒油菜心和白灼菜心等，都是大豆和油菜的杰作。

　　番木瓜具有"水果之王"和"万寿果"之美誉，是大众喜爱的热带水果植物。一听这个带"番"字的植物，就知道它是一个外来户和稀罕的物种，资料证明，番木瓜的老家是在中美洲的墨西哥南部及附近地域。番木瓜不仅香甜可口，还具有保健食品排行榜"第一水果"的美誉。此外，番木瓜还可以作为蔬菜，在东南亚国家，例如泰国、柬埔寨和菲律宾等，一盘可口清爽的"凉拌青木瓜丝"真能让人馋得流口水。

棉花也是一个与现代人类密切相关的农作物。在我们绝大多数地球人的身上，肯定都有至少一件棉花制品。棉花原产于印度等地，在棉花引入中国之前，中国仅有丝绸（富人的穿戴）和麻布（穷人的布衣）。棉花引入中国后，极大丰富了中国人的衣料，当年棉花被称为"白叠子"，因为有记载表示："其地有草，实如茧，茧中丝如细纩，名为白叠子。"现在，中国是棉花生产和消费的大国，中国的转基因抗虫棉花研发和商品化种植，在世界上也是名噪一时。

随着全球人口的不断增长，耕地面积的逐渐下降，以及我们面临全球气候变化的严峻挑战，世界范围内的粮食安全问题越来越突出，人类对高产、优质、抗病虫、抗逆境的农作物品种需求也越来越大。这就要求人类不断寻求和利用高新科学技术，并挖掘优异的基因资源，对农作物品种进一步升级、改良和培育，创造出更多、更好的农作物品种，并保证这些新一代的农作物产品能够安全并可持续地被人类利用。

如何才能解决上述这些问题？如何才能达到上述的目标？相信，读完这五本"为什么我们需要转基因"系列丛书中的小故事以后，你会找到答案，还会揭开一些不为人知的秘密。

　　民以食为天，掌握了改良农作物的新方法和新技术，我们的生活就会变得更美好。祝你阅读愉快！

　　　　　　复旦大学特聘教授

　　　　　　复旦大学希德书院院长

　　　　　　中国国家生物安全委员会委员

　　　　　　　　2022 年 11 月 30 日夜，于上海

序二

本书主题"为什么我们需要转基因——大豆、玉米、油菜、棉花、番木瓜"是一个很多人关心，很多专业人士都以报告、科普讲座等从不同角度做过阐释，但仍感觉是尘埃尚未落定的话题。作者所选的大豆、玉米、油菜、棉花、番木瓜等既是国内外转基因技术领域现有的代表性物种，也是攸关百姓生活的作物。作者在展开叙说时用心良苦，这从全书的布局、落笔的轻重和篇章的设计都能体会到。当然这个时候出版"为什么我们需要'转基因'"系列科普图书或有应和今年底将启动的国家"生物育种重大专项"的考虑。

书名涉及的几个关键词值得咀嚼一番。首先这里的"我们"既泛指中国当下自然生境下生存生活的市井百姓，也是观照到了所有对转基因这一话题感兴趣的人们，包括政策制定者、专业技术人员、媒体人士和所有关注此话题的读者。"需要"则既道出了当下种质资源和种源农业备受关注，强调保障粮食安全和生物安全是国家发展的重大战略需求的时代背景，也表达了作者和所有在这一领域工作的专业技术人员的态度。在具体作物前加上"转基因"这一限定词，直接点出了本套书的指向，就是不避忌讳，对转基因技术应用的几个典型物种作一番剖解。值得一提的是，作者在进入"为什么我们需要转基因——大豆、玉米、油菜、棉花、番木瓜"这些代表性转基因作物这一正题前，先用了不少于全书三分之一的篇幅切入对这些作物的起源、分类、生物学形态、生长特性、营养及用途、种植相关的科学知识，转基因育种的原因、方法和进展，以及相关科学家的贡献做了详尽介绍。如大豆一书在四章中就有两章的篇幅是对大豆身世、大豆的成分与用途、食用方法及相关的趣味性知识性介绍。这样的铺垫把这一大宗作物与读者的关系一下子拉近了许多，在传递知识的同时增加了读者的阅读期待。

而在进入转基因和转基因技术及其作物这些大家关心的章节时，作为部级转基因检测中心专家的作者的叙述和解读是克制、谨慎的，强调了中国积极推进转基因技术研究，但对于转基因技术应用持谨慎态度的立场和政策，这从目前国内批准、可以种植并进入市场流通的转基因作物只有棉花和番木瓜两种可见一斑。在相关的技术推进、

政策制定和检测技术、对经过批准的国外进口转基因原料
管理的把关等都有严格的管理和规范。作者在把这一切作
为前提——点到澄清的同时，分析了国内外的转基因技术
发展的态势、转基因技术的本质，并对广大市民关心的诸
如：转基因大豆安全吗？中国为什么要进口转基因大豆？
转基因玉米的安全性问题？转基因食用安全的评价？转
基因食品和非转基因食品哪个更好？转基因番木瓜是否
安全等问题——作了回应。

坦诚地讲，作者这种敢于直面敏感话题的勇气令人
钦佩、把不易表述清楚的专业事实作了尽可能通俗易懂解
读的能力值得点赞！但是感佩的同时还是有一点不满足，
就是转基因技术的价值，加强转基因技术研究之于14亿
人口、耕种地极为有限的中国的重要性的强调力度仍显不
够。当然这或许是圈内人应有的慎重。相信随着更多相关
研究的推进，随着人们对转基因技术的作用和价值有了更
深入的了解和认知，作者在再版这套书时会给我们带来更
多的信息和惊喜。

上海市科普作家协会秘书长　江世亮

目录

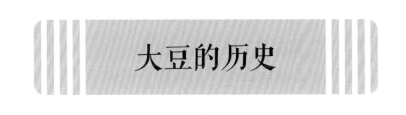

大豆的历史

《七步诗》

曹 植

煮豆持作羹，漉菽以为汁。

萁在釜下燃，豆在釜中泣。

本自同根生，相煎何太急？

    如果问什么食材最能代表中餐，答案就是大豆，它貌不惊人，却饱含珍贵的蛋白质，我们的祖先把它驯化成世界上最重要的豆类。早在商周青铜器上的铭文中就出现了大豆的古称"菽"，大豆不仅仅是食品，还是一个中国传统文化内敛含蓄却底蕴深厚的象征物。由大豆制成的豆制品是我国各地区饮食文化中不可或缺的部分，有曰：宁可一日无肉，不可一日无豆。大豆既可以做狂狷穷书生的零嘴，也可以成为帝王的御膳；它对中餐的塑造，对国人的滋养更是贯穿千年。豆芽、豆浆、豆腐、豆干、豆皮、素鸡，当我们被琳琅满目的豆制品淹没时，你有没有想过大田里的大豆长什么样？黄豆、黑豆、青豆、毛豆和大豆是什么关系？世界上哪里最先开始种大豆的呢？带着这些疑问，我们来看看大豆的历史吧。

1. 大豆简介

大豆〔学名：Glycine max（Linn.）Merr.〕，植物界，被子植物门，双子叶植物纲，蔷薇目，豆科，大豆属。是一年生豆科植物，也是世界上最重要的豆类，中国古称菽（shū），其种子含有丰富的蛋白质。大豆外表呈椭圆形或者球形，豆皮有黄色、黑色、淡绿色等多种颜色，因此又有黄豆、黑豆、青豆之称。

毛豆，是未完全成熟、新鲜连荚的蔬菜用大豆，因其豆荚表面覆有一层细绒毛而得名，毛豆和黄豆是一种植物，只是成熟度不同而已。另外，我们平时吃的小零食"蒜香青豆"，其中的原料青豆指的是豌豆，并不是大豆。

黄豆

毛豆

田间大豆

豌豆

2. 大豆的起源

在古希腊神话中，农业女神德墨忒（tè）尔的女儿普西芬尼心地善良，把从母亲那里得到的能"消除邪恶、防治百病"的一粒大豆给了人类，从此人间多了一种农作物。

德墨忒尔与普西芬尼

普西芬尼与人类

　　事实上，大豆的原产地就在中国。至少4 000多年前，我们的祖先就已经开始大豆的栽培。古人餐桌上的"五谷"中粟、黍（shǔ）、菽、麦、稻的"菽"，就是指大豆。《诗经·大雅·生民》中记述后稷"蓺（yì）之荏（rěn）菽，荏菽旆（pèi）旆"。说明中国在原始社会末期就已经开始栽培大豆。由于大豆不易保存，因此很少在考古发掘中被发现。目前，我国出土最早的大豆是在陕西省西安市鱼化寨遗址出土的炭化大豆种子，经过专家鉴定，距今大约有4 000年。

炭化大豆

除了考古发现和文献记载，生物学方面的研究也能证明大豆起源于中国。在我国的东北、华北、长江流域，以及台湾省的田野间都能找到一种小而黑的大豆野生种，它的细胞核染色体数目和大豆栽培种相同，并且能和大豆栽培种通过人工杂交配合，这证明了野生种大豆是栽培种大豆的祖先。

春秋时期，大豆已被驯化成了栽培植物，是那时候田地里种植的日常作物，种植面积排在黍和稷之后；战国至秦汉时期，大豆在农业生产中的地位迅速上升，当时的人们已经把它作为主要粮食作物来种植，大豆变为人们的主食，这一时期的很多文献中经常提到"粟菽"并重，可以看出当时大豆的地位。

汉代以后，随着北方小麦、南方水稻的种植面积逐渐扩大，大豆慢慢告别了主食地位。我们的祖先用他们的智慧将大豆加工成豆芽、豆腐、豆糕、豆浆、大酱等各类豆制品，丰富了自己的餐桌。在代代传承中，豆制品已是中国各地区饮食文化中不可或缺的部分。明清时期，大豆已在全中国各地进行种植；在清朝同治年间大豆开始跨出

野生大豆

国门，对外出口。随着时间的推移，大豆的产量和出口量不断增加，到 1908 年，中国成为当时世界上最大的大豆生产国和出口国。

| 拓展知识 |

提起食物，通常大家说都是五谷：粟、黍、菽、麦、稻。但是古时候其实是有六谷，这第六个谷物就是菰（或写作"苽"），它的种子叫菰米。据史料记载，人们从周朝开始吃菰米了，直至西晋初年，菰米都是人们生活中的重要粮食。由于菰的产量远不及水稻，宋代之后，随着水稻的推广，菰的分布面积急速降低，如今菰已鲜为人知。

菰退出主粮队伍之后，很快就加入蔬菜家族。菰的茎在幼嫩时如果被菰黑粉菌侵染，则会受其分泌的吲哚乙酸等物质刺激而膨大，成为粗大肥嫩的肉质茎，名为"茭白"。茭白口感清脆，口味微甜，可以与各种荤素菜肴搭配，是一种全能型蔬菜。

茭白

菰米

3. 中国的大豆都种在哪儿?

大豆在我国分布很广,各省都有种植。因地理和气候条件的不同,各地大豆播种季节不尽相同,但以春天播种的春大豆为主。东北三省、河北、山西中北部、陕西北部及西北各省的大豆主要在春天播种,黄淮平原和长江流域各省的大豆主要在夏天播种,浙江、江西的中南部、湖南的南部、福建和台湾的全部主要在秋季种植大豆,广东、广西及云南的南部在冬季也会有小部分地方有大豆的种植。

大豆田

大豆的用途

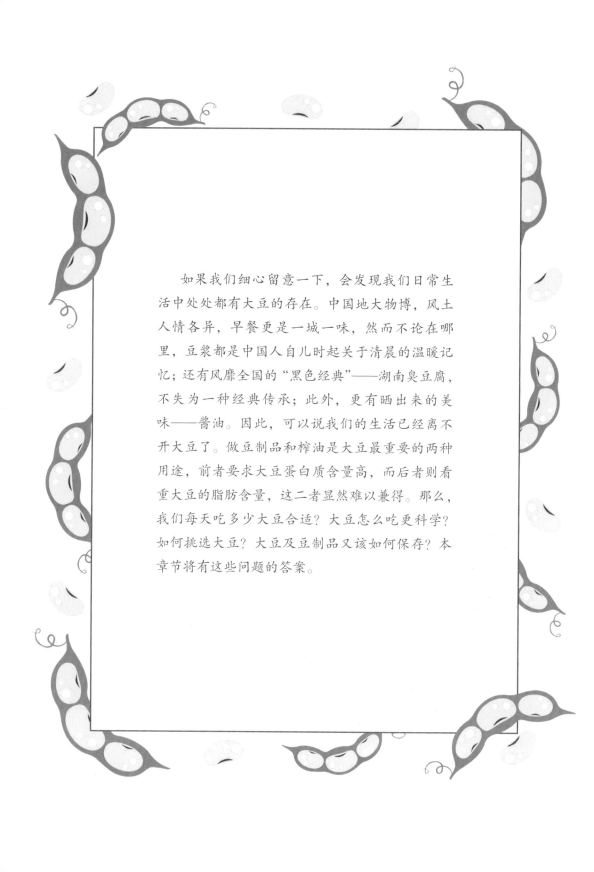

　　如果我们细心留意一下，会发现我们日常生活中处处都有大豆的存在。中国地大物博，风土人情各异，早餐更是一城一味，然而不论在哪里，豆浆都是中国人自儿时起关于清晨的温暖记忆；还有风靡全国的"黑色经典"——湖南臭豆腐，不失为一种经典传承；此外，更有晒出来的美味——酱油。因此，可以说我们的生活已经离不开大豆了。做豆制品和榨油是大豆最重要的两种用途，前者要求大豆蛋白质含量高，而后者则看重大豆的脂肪含量，这二者显然难以兼得。那么，我们每天吃多少大豆合适？大豆怎么吃更科学？如何挑选大豆？大豆及豆制品又该如何保存？本章节将有这些问题的答案。

4. 大豆主要有哪些用途?

大豆的营养价值很高，含有丰富的植物蛋白质，被营养学家誉为"田中之肉""绿色牛乳"，备受推崇。大豆常常用来做各种豆制品、榨取豆油、酿造酱油和提取蛋白质。

大豆的蛋白质含量高达 40% 左右，在古代是作为主食来食用的。曹植的《七步诗》就写道："萁在釜下燃，豆在釜中泣"，说明那时的大豆煮着吃是平常的事。到了现代，大豆不再作为主食，常常被用来做"菜"，比如做豆腐、豆干、煮毛豆等。

豆干

煮毛豆

豆腐

　　由于畜牧业的推动，我国大量进口大豆进行加工，占豆粒重量约20%的油被压榨出来，制成大豆油，剩余80%的副产品则为豆粕。因此大豆油是我国目前消费量最大的食用植物油，豆粕因富含蛋白质主要作为动物饲料。我国国产大豆则主要用来食用，包括加工成豆腐、豆浆、腐竹等豆制品，提炼大豆异黄酮，制作豆粉等。另外，需要说明的是，日本有一种叫鸡蛋豆腐的产品，并不是由大豆做成的，其原料主要是鸡蛋。

大豆油

豆粕

| 拓展知识 |

纳豆为什么会拉丝?

纳豆是由黄豆通过纳豆菌(纳豆枯草芽孢杆菌)进行发酵制成的一种豆制品,它的特点是闻起来气味较臭,表面有黏液,但吃起来味道微甜。纳豆是一个高营养的食品,日本食客的最爱。有人会好奇,纳豆为什么会拉丝呢?其实,纳豆拉丝是纳豆菌在发酵大豆时分泌出来的黏稠物,好的纳豆一般拉丝较多、较长,有的甚至能够延展到半米长。

拉丝的纳豆

5.大豆为什么被称为"植物肉"？

大豆的蛋白质含量接近40%，远高于谷类食物，并且蛋白质中含有人体不能合成的全部必需氨基酸，比例接近人体的需要。此外，脂肪、钙、铁、磷和维生素 B_1、维生素 B_2 等人体必需的营养物质也都高于谷类食物，营养成分十分丰富。由八大副食品营养成分对比表可以看出，鸡肉、牛肉及鱼肉的蛋白质含量分别为23%、20%和18%，而大豆的蛋白质含量也高于它们。因此，大豆是一种优质植物蛋白食物，有"植物肉"的美称。

八大副食品营养成分对比表
（每100克食物所含的营养成分）

食物	蛋白质（克）	纤维素（克）	胡萝卜素（微克）	维生素A（微克）	维生素E（毫克）	钙（毫克）	镁（毫克）	钾（毫克）	铁（毫克）	锌（毫克）	硒（微克）
大豆	39.2	15.5	22.0	37.0	18.9	320	199	1 503	5.9	3.4	6.2
牛奶	3.1	0	0	24.0	0.21	120	11	109	0.1	0.4	1.9
猪肉	16.9	0	0	18.0	0.35	11	16	204	0.4	2.0	12
牛肉	20.1	0	0	7.0	0.65	7	20	216	0.9	4.7	6.1
鸡肉	23.3	0	0	29.0	14.5	11	29	109	1.5	0.6	3.1
鸭肉	16.5	0	0	22.0	0.27	11	14	191	4.1	1.3	6.1
鲤鱼	18.1	0	0	19.0	0.70	28	22	330	1.3	1.1	2.3
鸡蛋	14.8	0	0	17.0	0.42	55	5.5	60	2.7	0.2	6.1

另外，大豆中还含有多种与人体健康有关的生理活性成分，如大豆卵磷脂、大豆异黄酮、大豆膳食纤维和大豆皂苷等，它们有一定的保健功效。

各种大豆制品

| 拓展知识 |

　　甘氨酸、脯氨酸、缬氨酸、丝氨酸、甲硫氨酸（蛋氨酸）、酪氨酸、色氨酸、半胱氨酸、丙氨酸、苯丙氨酸、天冬酰胺、谷氨酰胺、苏氨酸、天门冬氨酸、亮氨酸、异亮氨酸、谷氨酸、精氨酸、赖氨酸和组氨酸20种氨基酸是组成生命体中蛋白质的主要单元。

　　必需氨基酸指人体内不能合成或合成速度远不能适应机体需要，必须从食物中直接获得的氨基酸。成年人所需的必需氨基酸有8种：异亮氨酸、亮氨酸、赖氨酸、甲硫氨酸、苯丙氨酸、苏氨酸、色氨酸、缬氨酸。组氨酸在婴幼儿体内合成不能满足需要，所以婴幼儿（4岁以下）所需的必需氨基酸有9种。其余的氨基酸为非必需氨基酸，可以通过食物获取，也可以在体内合成。

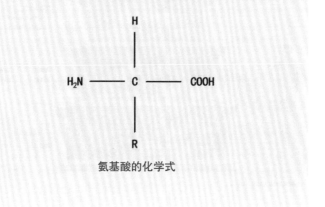

氨基酸的化学式

6. 每天吃多少大豆及豆制品合适?

根据《中国居民平衡膳食宝塔（2022）》建议，我国城乡居民每人每天宜平均摄入 25～35 克大豆及坚果类食品。根据所提供的蛋白质计算，25 克大豆大约相当于 174 克豆腐、55 克豆腐干、40 克豆腐丝、52.5 克素鸡、345 毫升豆浆。不过，根据个人体质不同，进食大豆的量可以根据个人情况而做相应的调整。

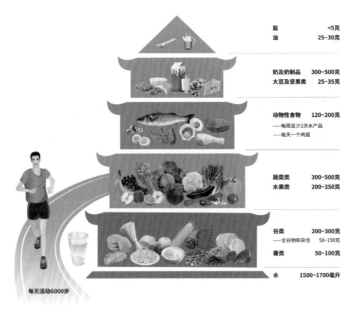

中国居民平衡膳食宝塔(2022)
Chinese Food Guide Pagoda(2022)

盐	<5克
油	25～30克
奶及奶制品	300～500克
大豆及坚果类	25～35克
动物性食物	120～200克
——每周至少2次水产品	
——每天一个鸡蛋	
蔬菜类	300～500克
水果类	200～350克
谷类	200～300克
——全谷物和杂豆	50～150克
薯类	50～100克
水	1500～1700毫升

每天活动6000步

7. 大豆怎么吃更科学？

　　完整的大豆粒不利于人体的吸收，吃大豆最科学的方法就是喝豆浆或吃豆腐。可以用豆浆机做豆浆喝，过滤出的豆渣加入玉米面，可以蒸制成窝头。豆渣中主要的成分是膳食纤维，用豆渣与粗粮玉米面做成窝头食用，不仅有粗细互补的作用，而且能够有效地提高胃动力，减少人体对脂肪的吸收，从而有效地预防肥胖症，起到减肥的作用。

　　豆浆性属寒凉，因此脾胃虚寒、有腹泻、腹胀情况的人不应过多饮用。还有一点需要注意，自制的鲜豆浆存放时间不应该超过 24 小时。

豆渣窝头

| 拓展知识 |

皂苷是生豆浆中含有的一种成分，它会破坏红细胞，对人体的胃肠黏膜有一定的刺激作用，进而引起各种中毒症状，如头晕、恶心、呕吐、腹痛、腹泻等，严重时会危及生命。皂苷不耐高温，经真正煮沸后被破坏，人喝了不再会引起中毒。但是，当豆浆加热到80～90℃时，会产生大量泡沫，使豆浆受热不均匀，产生"假沸"现象，这时的豆浆还含有大量的皂苷。此外，未煮熟的豆浆里还含有抗胰蛋白酶，它会抑制人体胰蛋白酶分解消化蛋白质的活性，导致人体正常生理代谢紊乱，出现急性胃肠炎症状。抗胰蛋白酶只有加热至100℃才能被破坏。因此，若是喝了未彻底

豆浆

煮沸的豆浆，会由于摄入皂素、抗胰蛋白酶等物质导致中毒。

我们有时会看到家庭自制豆浆中毒事件的新闻报道，其中的原因是制作人经验不足，在煮制豆浆的过程中，受"假沸"现象迷惑而未将豆浆彻底煮开。

8. 大豆怎么挑选?

选购大豆时，可以通过色泽、质地、含水率、气味四个方面来判断大豆的品质。

色泽：外表鲜艳而有光泽的是品质优良的大豆；若表面暗淡，无光泽的则为劣质大豆。

质地：品质优良大豆应该颗粒饱满且整齐均匀，没有任何霉变、虫害和破损；颗粒瘦瘪、大小不一、有霉变、虫蛀或者破瓣的则为劣质大豆。

含水率：大豆受潮后容易变质，因此要选干燥的大豆。用牙轻咬豆粒，发音清脆的说明大豆含水率低；若发音沉闷则说明大豆含水率较高，很有可能已经产生霉变。

气味：优质大豆一般都有豆香味，有霉味或者酸味的大豆则质量不佳。

劣质大豆

优质大豆

9.如何挑选酱油？

酱油是由大豆或脱脂大豆、小麦或麸皮发酵而成，有独特风味的调味品。挑选酱油时可以先看原料表，判断其使用原料的档次。酱油的鲜味主要来自蛋白质水解产生的氨基酸，挑选酱油可以看其标签中注明的氨基酸态氮含量，含量越高，说明酱油中的氨基酸含量越高，鲜味越

超市调味品货架

好。按照国家标准,酱油中氨基酸态氮应≥ 0.4 克 /100 毫升,根据氨基酸态氮的含量,酱油被划分为四个等级:三级酱油的氨基酸态氮含量≥ 0.4 克 /100 毫升,二级酱油的氨基酸态氮含量≥ 0.55 克 /100 毫升,一级酱油的氨基酸态氮含量≥ 0.7 克 /100 毫升,特级酱油的氨基酸态氮含量≥ 0.8 克 /100 毫升。

平时挑选酱油应首选以大豆、小麦为原料,氨基酸态氮含量≥ 0.8 克 /100 毫升的酱油。

| 拓展知识 |

各种酱油的使用

生抽:用来调味,因颜色淡,常用于炒菜或者拌凉菜。

老抽:一般用来给食品着色用,比如做红烧等需要上色的菜时使用。

蒸鱼豉油:类似生抽,有姜等去腥味物质,常用于做鱼。

寿司酱油:专用于蘸食寿司和鱼生的酱油,常常和辣根一起使用。

白酱油:一般用于不要上色的菜肴烹饪使用。

生鱼片蘸酱油

红烧肉

10. 大豆及豆制品如何保存?

干燥的大豆比较容易保存,可以放入密封袋或者放入密封罐,并放置于阴凉干燥处即可。

豆腐需要放入冰箱冷藏,散装豆腐应当天吃完。盒装豆腐则应在保质期内吃完。如果散装大块豆腐一天内吃不完,可以按一餐能吃完的量来分成几块,把一部分冷冻起来,做成冻豆腐,以后炖汤也很美味。

密封罐保存的大豆

冻豆腐

| 拓展知识 |

为什么冻豆腐比普通豆腐更好吃？

水结成冰时，它的体积大约会增大 10%，这是生活中常见的一个物理现象。豆腐里面含有大量的水分，当豆腐被放入冰箱冷冻时，豆腐里分布的水就会结成一份份体积增大的小冰块，豆腐的内部就被这些冰块撑大，变成了网络状。等到冻豆腐解冻时，冰都融化成水从豆腐里流出，豆腐被撑大的部分则无法复原，就留下了网络状的孔洞。

冻豆腐里面的这些孔，使冻豆腐更容易吸收汤汁营养，也更能入味，冻豆腐因此吃起来味道也更鲜美。

海鲜一品炖

转基因大豆

竞争无处不在，就连大豆也难以幸免。在大豆的生长过程中，会遇到各种各样的竞争对手——形形色色的杂草，它们不仅和大豆争抢光照、土壤营养、水分，还为病虫害提供生存场所，从而给大豆的生长设置重重障碍，严重影响了大豆的产量。

　　为了消灭杂草、保证大豆的苗壮成长，科学家经过研究，决定采用转基因技术解决这一问题。科学家们在大豆基因组中添加了什么外来基因？转基因大豆如何"除掉"杂草？转基因大豆会给环境带来种植风险吗？中国可以种植转基因大豆吗？转基因大豆能否从外观上看出来？转基因大豆油和非转基因大豆油有区别吗？在本章节里，我们将会介绍转基因大豆的研究进展和种植历史，以及如何"看"出转基因大豆。

11. 大豆成长的烦恼

大豆生长过程中杂草比较多，杂草过度生长会与大豆植株争抢土壤的营养，导致大豆生长不良。虽然有部分杂草能用除草剂除去，但和大豆相似的杂草无法使用除草剂，需要人工除草。

常见的一年生禾本科杂草有稗、狗尾草、金狗尾草、马唐、野燕麦、牛筋草等；一年生阔叶杂草有苍耳、苋、龙葵、风花菜、铁苋菜、香薷、水棘针、狼把草、柳叶刺蓼、酸模叶蓼、猪毛菜、藜、菟丝子、鸭跖草、马齿苋、

狗尾草

牛筋草

猪殃殃、繁缕、苘麻、萹蓄、卷茎蓼等；多年生杂草有问荆、苣荬菜、大蓟、刺儿菜、芦苇等。

12. 大豆为什么要转抗除草剂基因？

人工除草费时费力，会大大增加大豆的种植成本。使用对大豆无害的选择性除草剂只能杀灭大豆田间的部分杂草，而要杀死各种杂草需要多种除草剂一起使用。草甘膦是一种非选择性的高效除草剂，通常用来去除杂草，但同时也会杀死大豆。为了解决这一问题，科学家研究出了一种耐受除草剂的大豆，即当前种植面积较大的抗草甘膦除草剂的转基因大豆。

科学家发现，矮牵牛中有一种基因可以抵抗草甘膦除草剂的效果，于是就把这种基因导入大豆的基因组里，并培育成转基因大豆新品种。这种大豆品种便有了抵抗草甘膦除草剂的特性，种植过程中施用草甘膦除草剂进行除草时，大豆可以正常生长，从而降低了大豆种植的人工成本，提高了生产效率。1996年开始，抗草甘膦转基因大豆开始进入商业化生产。

转基因大豆

| 拓展知识 |

牵牛花和矮牵牛的区别

牵牛花和矮牵牛长得很相似，但并不相同，两者之间的区别主要有以下三个方面：从外形上看，前者的花茎上长了一些硬毛，而且叶片接近圆形，后者没有硬毛且叶片为椭圆形；从习性上区分的话，前者具有缠绕茎适应能力更强一些，后者无缠绕茎对光照条件的需求更高一些；而从花色方面看，前者的花色要比后者淡雅一些，后者的花朵要更大更多一些。

矮牵牛

牵牛花

13. 转基因大豆安全吗？

转基因大豆及其产品已经被食用了 20 多年的时间，到目前为止尚未发现导致人健康问题的实例。从人的生理角度来说，能被人体吸收的只能是小分子物质，任何一种食物，包括转基因食物，进入人体胃肠后，其中的碳水化合物、脂肪、DNA、蛋白质等都会被消化分解成小分子而丧失了功能。转基因产品通过安全性评价，证明其转入的外源基因表达的蛋白质不是致敏物和毒素，而且不会对食用者的生长和繁殖能力造成影响，就说明不会因为食用该转基因产品而出现安全问题。

多年来，转基因大豆的研发者以及世界各国的多家研究机构在实验动物身上做了大量、长期的生殖实验、生长实验、毒理学实验和致敏性实验。食用安全性评价结果证明，转入大豆基因组中的外源基因产生的蛋白并没有增加大豆的毒性或致敏性风险，所以食用通过安全性评价的转基因大豆不会对人体健康产生不良作用。

生殖实验

生长实验

毒理学实验

致敏性实验

　　现以抗草甘膦转基因大豆为例，简要介绍食用安全性评价的部分实验。

　　科学家们先是将转入大豆的抗草甘膦基因所表达的蛋白，即矮牵牛中的磷酸烯醇式丙酮酰莽草酸合酶这个蛋白在数据库中进行比对，发现它没有与任何人类已知的毒素序列有同源性。中国科研人员采用转抗草甘膦基因大豆对大鼠进行了91天喂养实验后，检测大鼠的各种生理指标并做了组织病理学检查，结果表明这种转基因大豆对大鼠无亚慢性毒性。日本科研人员采用这种大豆喂养大鼠15周后，检测大鼠的一般毒性指标和免疫毒性指标，结果表明转抗草甘膦基因大豆对大鼠无毒性。美国科研人员采用这种大豆对小鼠进行喂养，并繁殖多代后检测每代小鼠的生殖能力，结果表明该转基因大豆对小鼠无生殖毒性。

除了食用安全，转基因大豆种植后是否给环境带来生态风险，这一问题也越来越受到人们的重视。转基因作物因为引入了外源基因导致作物原基因组发生了改变，是否违背了生物进化规律？是否改变原有的生态平衡？是否影响生物的多样化？是否会产生基因漂移等，这些都需要进行环境安全性评价。目前，商业化种植的转基因大豆都通过了严格的环境安全性评价，故不存在上述问题。

14. 美国为什么种植转基因大豆？

美国地广人稀，劳动力价格极为昂贵，适合机械化种植作物。大豆对生长环境要求低，生长速度快，适合机械化种植，因此在美国种植大豆收益很好。杂草会争夺土壤肥力，影响大豆产量，虽然有很多选择性除草剂可以使用，但效果均不理想，直到抗草甘膦除草剂转基因大豆的出现，才解决了这一瓶颈。1996 年，转基因大豆在美国第一年商业化种植，仅仅用了 3 年时间，转基因大豆品种种植面积占全美大豆种植总面积的比例就上升到 55.8%；到 2007 年之后，转基因大豆品种种植面积已占全美大豆种植总面积的 90% 以上。到目前为止，美国当地仅有极少部分非转基因大豆品种仍在种植。

2006 年，美国农业部对全美种植转基因大豆的农民进行了情况调查，发布的调查结果显示：63% 的豆农选择

大豆机械化种植

种植转基因大豆品种的原因是为了获得更高的产量，有20％的豆农是因为可以减少化学除草剂的投入成本而选择种植转基因大豆品种，15％的豆农是因为能减少大豆田间管理的时间而选择种植转基因大豆品种。由此可见，种植转基因大豆不仅提高了产量，而且减少了化学药剂的使用，缩短了大豆种植期间的田间管理时间，对于豆农来说他们可以获得更大的经济收益，所以他们更愿意种植转基因大豆。

豆农

15. 中国可以种植转基因大豆吗？

在转基因管理方面，我国严于美国和欧盟，实施严格的审批管理制度，截至 2022 年，国内允许种植的转基因作物只有棉花和番木瓜。同时，为了满足国内需求，我国允许进口大豆、玉米等转基因农产品，但对品种有严格的限制，只有获得农业转基因生物安全证书中的品种才允许被进口。在中国批准的农业转基因生物安全证书中，允许被进口的转基因大豆只能作为加工原料使用。目前，中国主要从巴西、美国、阿根廷、乌拉圭、加拿大等国家进口转基因大豆，而这些大豆几乎全部被用于压榨加工成豆油和豆粕。

我国目前还没有转基因大豆进行商业化种植。我国对转基因技术研究应用的基本政策是积极推进，审慎推广。

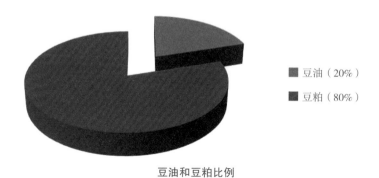

豆油（20%）
豆粕（80%）

豆油和豆粕比例

一方面，在研究上支持科学家大胆研究，坚持自主创新，占领转基因技术制高点，积极参与国际竞争；另一方面，在推广上严格按照相关国际标准和国家法规程序，对转基因产品进行安全性评价，通过安全评价后才能获得证书，在确保安全的前提下稳步推进转基因农作物产业化、商业化应用。

2019 年，北京大北农科技集团研发的 DBN-09004-6 转基因大豆取得在阿根廷商业化种植的许可；2020 年，我国首次批准进口国内研发的 DBN-09004-6 转基因大豆。也就是说，现在中国研发的转基因大豆品种在阿根廷种植，然后从阿根廷将此品种的大豆产品出口至中国。此外，大北农公司的 DBN-09004-6 转基因大豆也正在巴西、乌拉圭申请种植许可，如果获批就意味着在巴西和乌拉圭种植的该品种转基因大豆，其产品也可以出口到中国。

16. 中国为什么要进口转基因大豆？

随着收入水平显著提升，我国人民消费结构发生变化，同时，畜牧业的快速发展也拉动了大豆消费的增长。2019年，我国大豆产量只有1 810万吨，需求却超过1亿吨，所以国产大豆产量严重供不应求。数据显示，2014—2019年，大豆国内产量分别只能满足需求量的15%、13%、14%、14%、15%和17%，因此缺口需要通过进口大豆来补足。目前，巴西、美国、阿根廷是中国大豆三大主要进口来源国，而这三个国家因为转基因大豆品种存在的生产优势，绝大多数都种植了转基因大豆。因此，我国大量进口的也是转基因大豆。每年国内生产的鸡、鸭、鱼、肉都需要消耗大量的饲料，进口的大豆保障了我国养殖业的饲料供应，维持了中国人民的生活质量。如果不进口这些饲料原料，靠国内的土地来生产这些饲料，仅9 000万吨大豆就需要约5 000万公顷的耕地，而我国耕地总面积只有1.2亿公顷。显然，我国不可能通过牺牲主粮自给的代价来减少大豆的进口量，在人多地少的情况下，必须首先保证水稻、玉米、小麦三大主粮的种植面积。因此，我国通过大量进口大豆，弥补国内生产缺口，节省了土地资源。

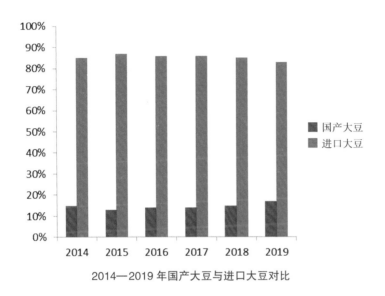

2014—2019 年国产大豆与进口大豆对比

中国对外大豆依存度很高，严重威胁了中国的粮食安全。为了改善大豆自给自足水平，保证国产大豆产量，我国政府先后制定了诸多扶持政策，以助力国内大豆行业的健康发展。根据 2019 年农业农村部发布的《大豆振兴计划实施方案》，我国东北、黄淮海和西南地区大豆的种植面积将会逐渐扩大；同时，要缩小与世界大豆主产国的单产差距，增加大豆的供给，并提升产品中蛋白质或脂肪含量，提高我国大豆产业的质量效应和竞争力。

大豆振兴计划实施方案

提升大豆质量

17. 中美大豆的现代转变

不同于中国有着千年的大豆种植历史，大豆被引入美国是近几百年才发生的事。18 世纪中期大豆传入美国，经历了 1 个多世纪后才作为一种牧草作物被推广开来。20 世纪初期以后，由于大豆新品种的引入和育种改良的进行，以及豆油和豆粕应用的发展，粒用大豆（加工豆油和豆粕）的产量和种植面积持续增加，大豆在美国不再只是作为牧草作物。第二次世界大战之后，美国通过大量的技术投入，不断拓展出口市场，成为世界上最大的大豆生产国和出口国。

与美国大豆走上全面快速发展之势相反，中国大豆生产在 20 世纪 30 年代开始进入下降趋势。直到新中国成立以后，大豆生产才开始缓慢增长。到 1961 年，美国和中国的大豆产量分别占世界大豆总产的 68.7% 和 23.3%，是世界两大大豆主产国。

20 世纪 70 年代以后，南美洲国家巴西和阿根廷开始扩大大豆种植面积，大豆产量相继超越中国，中国退出了世界大豆生产和出口的竞争行列，大豆产量位列世界第四。近些年，巴西又超越美国成为世界第一大豆生产国。数据显示，2021 年巴西大豆产量占全球总产量的 37.68%，美国和阿根廷大豆产量分别占全球总产量的 31.33% 和 12.61%，而我国大豆产量只占全球大豆总产的 4.29%。

虽然在 20 世纪 70 年代以后中国的大豆产量被巴西和阿根廷相继超越，但一直到 20 世纪 90 年代，中国仍然是大豆净出口国，每年大豆出口超过 100 万吨，完全不需要进口。然而，随着中国养殖业的兴起带动了饲料需求的增长，国内大豆消费量开始快速增长。为了进口国外大豆以满足国内用豆需求，1995 年开始国家通过几年的关税调整，实现了大豆市场对外开放，此后中国便由大豆净出口国转变为了大豆净进口国，并一直持续至今。

另一方面，随着生物技术的发展与大豆育种技术的进步，21 世纪以来美国大豆生产进入了新的阶段。1996 年，耐除草剂转基因大豆开始在美国种植，转基因大豆使生产成本降低、生产效率显著提高，从而提高了美国大豆在国际市场的竞争力。美国转基因大豆价格相对低廉、产量和出油率高，因此美国大豆不断地进入并逐步占领了中国大豆消费市场，中国变成了美国大豆的最大出口国。

大豆运输船

18. 大豆风波

我国是全球最大的大豆进口国，但定价权却不掌握在我国手中。目前，美国 CBOT（美国芝加哥期货交易所）大豆价格是全球大豆进出口市场的定价基准。2003 年 8 月，美国农业部发布声明：由于天气干旱导致大豆产量减少，美国国内大豆产量预期会大幅下降，认为当年年底大豆库存将降至 18 年以来的最低水平，全球大豆供应量将会呈现紧张态势。很快有美国基金参与炒作，操作库存，使大豆价格从 220 美元 / 吨暴涨到最高 391 美元 / 吨，创过去 30 年来的最高纪录。国内压榨企业为了确保大豆供应以维持企业运转，组成代表团前往美国签订了巨量的大豆合同。但在中方采购团签署高价的进口合同之后，美国农业部重新发布报告认为之前大豆预测数据失真，2004—2005 年全球大豆产量将大增，而大豆需求会出现较大幅度的下降，导致大豆价格随即暴跌 50%。大豆压榨一下从最挣钱行业转变为巨亏行业，全国 90% 的大豆压榨企业亏损严重，1 000 多家榨油企业破产，中国大豆压榨企业损失了数十亿美元。

在之后的几年，以美国 ABCD 为首的四大粮商通过兼并、重组、收购等手段控制了中国近 85% 以上的豆油压榨企业。除了对加工行业的伤害，此次大豆价格的大幅波动，导致我国东北许多豆农巨额亏损。从上游的油脂原料市场，到中游的大豆加工压榨，再到下游的食用油生产及食用油销售，四大粮商掌握了整个产业链的绝对控制权，这个局面直到今天仍然无解。

期货交易市场

| 拓展知识 |

美国 ABCD 四大粮商

多年来，粮价一直控制在"四大粮商"手中，即美国艾地盟（ADM）、美国邦吉（Bunge）、美国嘉吉（Cargill）、法国路易达孚（Louis Dreyfus，有美国背景），简称为"ABCD"。这四大粮食贸易商掌握着全球超过 80% 的交易权，他们凭着对上下游产业渠道的控制来影响全球的粮食价格。

艾地盟   邦吉   嘉吉   路易达孚

19. 转基因大豆能不能看出来？

网传能"看"出转基因大豆的方法都是谣言。比如，流传甚广的转基因大豆不能发芽就是谣言，其实，转基因种子是绝对会发芽的，不然转基因大豆怎么结荚生产出来呢？大豆的外观主要取决于品种和产地，所以转基因大豆从外观上是无法辨别的，需要在专业检测机构中进行检

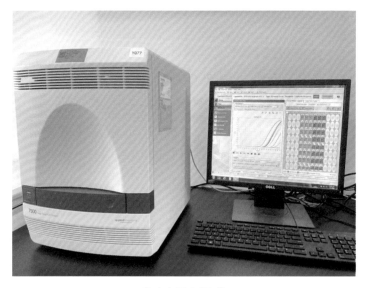

荧光定量 PCR 仪

测，比如采用试纸条检测法、荧光定量 PCR 法等。荧光
定量 PCR 法是检测人员采用核酸检测方法对大豆进行检
测，看大豆中是否存在外源基因。荧光定量 PCR 仪会把
外源基因不断进行复制，等复制到一定数量后，仪器就可
以检测出它的存在。

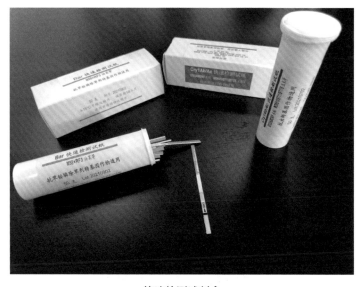

快速检测试剂盒

| 拓展知识 |

如何发黄豆芽?

第一步,准备适量的大豆,提前用温水将大豆浸泡一个晚上,直到豆子被浸泡开裂。

第二步,准备一个底部带孔的容器,然后在容器的底部铺上一层纱布,再把浸泡好的豆子倒在纱布上,并用手平铺均匀。

第三步,把另一块纱布铺在豆子的表面,让豆子处于一种黑暗的环境之下,然后用适量的清水将豆子完全浇透。

第四步,把容器放到阴凉通风的地方,进行静置发芽。每天分3次用清水对盖在豆子表面的纱布进行喷洒,使豆子处于一种湿润的环境下。等到第3天时,就会发出又长又嫩的豆芽。

黄豆芽

20. 转基因大豆油和非转基因大豆油有区别吗？

先说结论：目前，在国内上市销售的转基因大豆油，其成分跟非转基因大豆油没有本质区别，都是安全的，是可以放心食用的。我们国家对转基因食品进行了严格的食用安全性评价，任何一个转基因食品能获批上市，必须经过以下 5 关检测。

第一关：营养成分是否和非转基因食品一致。

第二关：会不会引起过敏。

第三关：会不会引起中毒。

第四关：会不会影响生长发育。

第五关：会不会影响生殖。

这些都是通过小白鼠、大白鼠、兔子、猪、猴子等动物实验来完成的。这些动物先替我们试吃了，只有通过几代动物试验发现没有任何不利影响，这个转基因食品才算过关了。

接下来，我们再来了解一下大豆油的成分。食用油的主要化学成分是甘油三酯，也就是脂肪，大豆油也不例外。现代的食用油加工工艺，就是保留大豆中的油脂，去掉其他成分的过程。经过加工后的转基因大豆油中的核酸（DNA）和蛋白的残留成分非常少，无法通过常规的方法检测出来，所以通常认为经过精加工的转基因大豆油中不含有转基因成分。另外，虽然中国有句俗话叫做"好货不便宜，便宜没好货"，但是我们不能因为价格便宜就质疑转基因大豆油的质量和安全性。转基因大豆油价格之所以便宜，是因为转基因大豆大大节省了种植的人工和农药等成本，从国外收购转基因大豆运到国内，即使加上运费，价格仍比国产非转基因大豆低。用中国另外一句俗话"物美价廉"来形容转基因大豆是再贴切不过了，这也是为什么转基因大豆更受企业青睐的原因。

$$
\begin{array}{l}
CH_2-O-C-R_1 \\
\quad\quad\quad\ \ \|\ \\
\quad\quad\quad\ \ O \\
CH-O-C-R_2 \\
\quad\quad\quad\ \|\ \\
\quad\quad\quad\ O \\
CH_2-O-C-R_3
\end{array}
$$

食用油主要成分甘油三酯的化学式

21. 各国转基因大豆都有标识吗？

从 1996 年转基因作物开始大规模种植开始，美国在转基因食品标识的规定上一直采取自愿原则。也就是说，只要是批准上市的转基因食品，可以标识，也可以不标识。经过多年争论，2018 年美国农业部发布转基因食品标识最终版规定，从 2020 年 1 月 1 日起，要求对转基因成分超过 5% 的食品进行标识，转基因成分含量不超过 5% 的，就不必标注。

欧盟、日本、澳大利亚和新西兰等国家采用的是强制标识政策，要求必须对所有含有转基因成分超过 0.9% 以上的食品、加工食品、动物饲料进行标识。

我国对农业转基因生物一直实行全球最严的标识制度。实施标识管理的农业转基因生物目录包括转基因大豆、玉米、油菜、棉花、番茄等 5 类作物 17 种产品，凡是列入标识管理目录并用于销售的农业转基因生物都必须进行标识。也就是说，我国对转基因产品的标识是不设阈值的，只要含有转基因成分就必须标识。但是，不在农业转基因生物目录中的产品不得进行"非转基因"宣传和标识。

配料: 大豆油

大豆油 加工原料为转基因大豆

生产日期: 瓶肩所示

保质期: 12个月

质量等级: 一级

加工工艺: 浸出

产品标准号: Q/BBAH0019S

贮存条件: 请将产品贮存于阴凉及干燥处

转基因标识

美国非转基因标识

22. 中国大豆科学理论研究奠基人、大豆杂交育种先驱王金陵

王金陵(1917—2013),江苏省徐州市人,是国内外著名的大豆遗传育种学家、农业教育家,我国大豆科学理论研究奠基人、大豆杂交育种先驱。半个多世纪以来,王金陵先生为我国大豆科学研究和人才培养做出了杰出的贡献,在国内外享有崇高的声誉。

王金陵先生从少年起就酷爱生物和大自然,家乡的茂林田野使他怡心畅怀,流连忘返。1936年王金陵先生考入金陵大学理学院工业化学专业后,由于对大自然的浓厚兴趣，经过深思熟虑的慎重选择，他申请转到农学院农艺系学习。当时的著名作物育种家、大豆专家王绶教授是他的指导教师，王金陵先生在王绶教授的指导下高质量地完成了毕业论文《大豆的分类》，毕业

后留校，做了王绶教授的助教，从此便与大豆结下了不解之缘。

王金陵先生学术成果很多，1943年发表的《中国大豆栽培区域划分之初步研讨》一文，首次对我国大豆进行了五大栽培区域的经典划分，至今仍被大豆科学工作者沿用，被认为是中国大豆研究的根基。1946年，王金陵先生发表了《大豆育种问题》，在农学界引起了很大反响，为我国大豆育种指明了方向；1959年，出版了《大豆的遗传与选种》，是我国大豆遗传育种的启蒙书，为中国大豆遗传育种奠定了基础；1982年，王金陵先生出版了我

国最著名的大豆书籍《大豆》，这是一本全面、系统介绍大豆科学知识的著作，荣获国家优秀科技图书二等奖。

王金陵先生从事大豆育种 60 余年，育成了以"东农 4 号""东农 36 号""东农 46 号"为代表的 58 个大豆新品种，累计推广面积 1 亿亩以上；育成的高油大豆品种"东农 46 号"和"东农 47 号"成为国家大豆振兴计划的龙头品种，累计推广面积 500 余万亩，1989 年获得了国家科技进步三等奖；育成的早熟大豆品种"东农 44 号""东农 49 号""东大 1 号"等品种，可以在我国北部高寒地区种植，累积推广面积 1 100 万亩。王金陵先生在第八届世界大豆研究大会上获得世界大豆研究大会奖，是全世界首批获此殊荣的科学家中唯一的中国人。2011 年，王金陵先生被黑龙江省委、省政府授予"黑龙江省农业科技功勋奖"。

王金陵先生教书育人，诲人不倦，言传身教，注重实践，培养了一大批科技人才，其朴实无华的个性和平易近人的作风一直深受其同行同事和广大弟子的敬重。同时，持之以恒的治学态度也使王先生能在文山会海中见缝插针，抓紧时间学习和科研工作。他再三教导学生选准方向之后要坚持到底，不能朝三暮四、见异思迁，否则将一事无成。

转基因植物安全评价

经常会有人问：转基因安全吗？从科学严谨的角度来说，这个不能绝对地回答"安全"或者"不安全"。因为转基因作为技术本身是中性的，它是传统育种技术的延续和发展，利弊风险取决于人们如何应用。真正可能引起安全风险的是转入了什么基因，这些基因是否存在潜在的安全风险。因此，对于具体转基因产品，我们可以通过实验来评判它是否安全。

为了加强农业转基因生物安全管理，保护我们的生态环境，保障老百姓的健康，我国农业部在2002年颁布了《农业转基因生物安全评价管理办法》。在我国境内从事农业转基因生物的研究、试验、生产、加工、经营和进口、出口活动，都要依照国家的规定进行安全评价，只要通过我国安全评价并获得安全证书的转基因产品都是安全的。你是不是很好奇，怎样才能判断转基因产品安全还是不安全呢？看完本章节你就懂了。

23. 转基因受体植物安全性评价

转基因受体植物安全性评价具体评价内容主要包括受体植物的安全性评价、受体植物的生物学特性、受体植物的生态环境、受体植物的遗传变异。

其中，受体植物背景资料有 10 项（表 1），生物学特性有 8 项（表 2），生态环境有 7 项（表 3），遗传变异情况有 4 项（表 4）。此外，还有受体植物的监测方法和监控的可能性，受体植物的其他资料等内容。进行了以上评价之后，就可以按相应的标准划分受体植物的安全等级（表 5）。

表 1 受体植物的背景资料

1	学名、俗名和其他名称
2	分类学地位
3	试验用受体植物品种（或品系）名称
4	是野生种还是栽培种
5	原产地及引进时间
6	用途
7	在国内的应用情况
8	对人类健康和生态环境是否发生过不利影响
9	从历史上看，受体植物演变成有害植物（如杂草等）的可能性
10	是否有长期安全应用的记录

表2　受体植物的生物学特性

1	是一年生还是多年生
2	对人及其他生物是否有毒，如有毒，应说明毒性存在的部位及其毒性的性质
3	是否有致敏原，如有，应说明致敏原存在的部位及其致敏的特性
4	繁殖方式是有性繁殖还是无性繁殖，如为有性繁殖，是自花授粉还是异花授粉或常异花授粉；是虫媒传粉还是风媒传粉
5	在自然条件下与同种或近缘种的异交率
6	育性（可育还是不育，育性高低，如果不育，应说明属何种不育类型）
7	全生育期
8	在自然界中生存繁殖的能力，包括越冬性、越夏性及抗逆性等

表3　受体植物的生态环境

1	在国内的地理分布和自然生境
2	生长发育所要求的生态环境条件，包括自然条件和栽培条件的改变对其地理分布区域和范围影响的可能性
3	是否为生态环境中的组成部分
4	与生态系统中其他植物的生态关系，包括生态环境的改变对这种（些）关系的影响以及是否会因此而产生或增加对人类健康和生态环境的不利影响

（续表）

5	与生态系统中其他生物（动物和微生物）的生态关系，包括生态环境的改变对这种（些）关系的影响以及是否会因此而产生或增加对人类健康或生态环境的不利影响
6	对生态环境的影响及其潜在危险程度
7	涉及国内非通常种植的植物物种时，应描述该植物的自然生境和有关其天然捕食者、寄生物、竞争物和共生物的资料

表 4　受体植物的遗传变异

1	遗传稳定性
2	是否有发生遗传变异而对人类健康或生态环境产生不利影响的资料
3	在自然条件下与其他植物种属进行遗传物质交换的可能性
4	在自然条件下与其他生物（例如微生物）进行遗传物质交换的可能性

表 5　受体生物的四个安全等级

安全等级 I	符合下列条件之一的受体生物： ① 对人类健康和生态环境未曾发生过不利影响； ② 演化成有害生物的可能性极小； ③ 用于特殊研究的短存活期受体生物，实验结束后在自然环境中存活的可能性极小

（续表）

安全等级 Ⅱ	对人类健康和生态环境可能产生低度危险，但是通过采取安全控制措施完全可以避免其危险的受体生物
安全等级 Ⅲ	对人类健康和生态环境可能产生中度危险，但是通过采取安全控制措施，基本上可以避免其危险的受体生物
安全等级 Ⅳ	对人类健康和生态环境可能产生高度危险，而且在封闭设施之外尚无适当的安全控制措施避免其发生危险的受体生物，包括： ① 可能与其他生物发生高频率遗传物质交换的有害生物； ② 尚无有效技术防止其本身或其产物逃逸、扩散的有害生物； ③ 尚无有效技术保证其逃逸后，在对人类健康和生态环境产生不利影响之前，将其捕获或消灭的有害生物

24. 基因操作的安全性评价

转基因受体植物确认安全后，需要确认基因操作过程是否安全，包括：转基因植物中引入或修饰性状和特性、实际插入或删除序列的资料、目的基因与载体构建的图谱、载体中插入区域各片段的资料、转基因方法、插入序列表达的资料等内容（表1）。

进行了以上评价之后，就可以按相应的标准划分基因操作的安全类型（表2）。

表 1　基因操作的安全性评价

1	转基因植物中引入或修饰性状和特性的叙述
2	插入序列的大小和结构，确定其特性的分析方法
3	删除区域的大小和功能
4	目的基因的核苷酸序列和推导的氨基酸序列
5	插入序列在植物细胞中的定位（是否整合到染色体、叶绿体、线粒体，或以非整合形式存在）及其确定方法
6	插入序列的拷贝数
7	目的基因与载体构建的图谱，载体的名称、来源、结构、特性和安全性，包括载体是否有致病性以及是否可能演变为有致病性
8	启动子和终止子的大小、功能及其供体生物的名称
9	标记基因和报告基因的大小、功能及其供体生物的名称
10	其他表达调控序列的名称及其来源（如人工合成或供体生物名称）
11	转基因方法
12	插入序列表达的器官和组织，如根、茎、叶、花、果、种子等
13	插入序列的表达量及其分析方法
14	插入序列表达的稳定性

表2　基因操作对受体生物安全等级的三种影响类型

类型1	增加受体生物安全性的基因操作： 去除某个（些）已知具有危险的基因或抑制某个（些）已知具有危险的基因表达的基因操作
类型2	不影响受体生物安全性的基因操作： ① 改变受体生物的表型或基因型而对人类健康和生态环境没有影响的基因操作； ② 改变受体生物的表型或基因型而对人类健康和生态环境没有不利影响的基因操作
类型3	降低受体生物安全性的基因操作： ① 改变受体生物的表型或基因型，并可能对人类健康或生态环境产生不利影响的基因操作； ② 改变受体生物的表型或基因型，但不能确定对人类健康或生态环境产生影响的基因操作

25. 转基因植物的安全性评价

确认转基因受体植物和基因操作过程安全后，下一步就是确定转了基因的植物是否安全。包括转基因植物的遗传稳定性；转基因植物与受体或亲本植物在环境安全性方面的差异；转基因植物与受体或亲本植物在对人类健康影响方面的差异等内容（表1）。进行了以上评价之后，就可以按相应的标准划分转基因植物的安全等级（表2）。

表 1　转基因植物的安全性评价

1	转基因植物的遗传稳定性
2	生殖方式和生殖率
3	传播方式和传播能力
4	休眠期
5	适应性
6	生存竞争能力
7	转基因植物的遗传物质向其他植物、动物和微生物发生转移的可能性
8	转变成杂草的可能性
9	抗病虫转基因植物对靶标生物及非靶标生物的影响，包括对环境中有益和有害生物的影响
10	对生态环境的其他有益或有害作用
11	毒性
12	过敏性
13	抗营养因子
14	营养成分
15	抗生素抗性
16	对人体和食品安全性的其他影响

表 2 转基因生物的安全等级划分

安全等级 I	① 安全等级为 I 的受体生物，经类型 1 或类型 2 的基因操作而得到的转基因生物，其安全等级仍为 I； ② 安全等级为 I 的受体生物，经类型 3 的基因操作而得到的转基因生物，如果安全性降低很小，且不需要采取任何安全控制措施的，则其安全等级仍为 I； ③ 安全等级为 II、III、IV 的受体生物，经类型 1 的基因操作而得到的转基因生物，如果安全性增加到对人类健康和生态环境不再产生不利影响的，则其安全等级为 I
安全等级 II	① 安全等级为 I 的受体生物，经类型 3 的基因操作而得到的转基因生物，如果安全性有一定程度的降低，但是可以通过适当的安全控制措施完全避免其潜在危险的，则其安全等级为 II； ② 安全等级为 II、III、IV 的受体生物，经类型 1 的基因操作而得到的转基因生物，如果安全性虽有增加，但对人类健康和生态环境仍有低度危险的，则其安全等级为 II； ③ 安全等级为 II 的受体生物，经类型 2 的基因操作而得到的转基因生物，其安全等级仍为 II； ④ 安全等级为 II 的受体生物，经类型 3 的基因操作而得到的转基因生物，对人类健康和生态环境可能产生低度危险，但是通过采取安全控制措施完全可以避免其危险的，则其安全等级仍为 II
安全等级 III	① 安全等级为 I、II、III 的受体生物，经类型 3 的基因操作而得到的转基因生物，如果安全性严重降低，但是可以通过严格的安全控制措施避免其潜在危险的，则其安全等级为 III；

（续表）

安全等级Ⅲ	② 安全等级为Ⅲ、Ⅳ的受体生物，经类型 1 的基因操作而得到的转基因生物，如果安全性虽有增加，但对人类健康和生态环境仍可能产生中度危险，但是可以通过采取安全控制措施避免其潜在危险的，则其安全等级为Ⅲ； ③ 安全等级为Ⅲ的受体生物，经类型 2 的基因操作而得到的转基因生物，其安全等级仍为Ⅲ
安全等级Ⅳ	① 安全等级为Ⅰ、Ⅱ、Ⅲ的受体生物，经类型 3 的基因操作而得到的转基因生物，如果安全性严重降低，而且无法通过安全控制措施完全避免其危险的，则其安全等级为Ⅳ； ② 安全等级为Ⅳ的受体生物，经类型 2 或类型 3 的基因操作而得到的转基因生物，其安全等级仍为Ⅳ

26. 转基因植物产品的安全性评价

通过转基因受体植物安全性评价、基因操作的安全性评价、转基因植物的安全性评价之后，最后还需要进行 4 项转基因植物产品的安全性评价（表 1），根据农业转基因产品的生产、加工活动对转基因生物安全等级的影响（表 2），按相应的标准划分转基因植物产品的安全等级（表 3）。

表1　转基因植物产品的安全性评价

1	生产、加工活动对转基因植物安全性的影响
2	转基因植物产品的稳定性
3	转基因植物产品与转基因植物在环境安全性方面的差异
4	转基因植物产品与转基因植物在对人类健康影响方面的差异

表2　生产、加工活动对转基因生物安全等级的3种影响类型

类型1	增加转基因生物的安全性
类型2	不影响转基因生物的安全性
类型3	降低转基因生物的安全性

表3　转基因生物的安全等级划分

安全等级Ⅰ	① 安全等级为Ⅰ的转基因生物，经类型1或类型2的生产、加工活动而形成的转基因产品，其安全等级仍为Ⅰ； ② 安全等级为Ⅰ的转基因生物，经类型3的生产、加工活动而形成的转基因产品，如果安全性降低很小，且不需要采取任何安全控制措施的，则其安全等级仍为Ⅰ； ③ 安全等级为Ⅱ、Ⅲ、Ⅳ的转基因生物，经类型1的生产、加工活动而形成的转基因产品，如果安全性增加到对人类健康和生态环境不再产生不利影响的，则其安全等级为Ⅰ

（续表）

安全等级Ⅱ	① 安全等级为Ⅰ的转基因生物，经类型3的生产、加工活动而形成的转基因产品，如果安全性有一定程度降低，但是可以通过适当的安全控制措施完全避免其潜在危险的，则其安全等级为Ⅱ； ② 安全等级为Ⅱ、Ⅲ、Ⅳ的转基因生物，经类型1的生产、加工活动而形成的转基因产品，如果安全性虽有增加，但对人类健康和生态环境仍有低度危险的，则其安全等级为Ⅱ； ③ 安全等级为Ⅱ的转基因生物，经类型2的生产、加工活动而形成的转基因产品，其安全等级仍为Ⅱ； ④ 安全等级为Ⅱ的转基因生物，经类型3的生产、加工活动而形成的转基因产品，对人类健康和生态环境可能产生低度危险，但是通过采取安全控制措施完全可以避免其危险的，则其安全等级仍为Ⅱ
安全等级Ⅲ	① 安全等级为Ⅰ、Ⅱ、Ⅲ的转基因生物，经类型3的生产、加工活动而形成的转基因产品，如果安全性严重降低，但是可以通过严格的安全控制措施避免其潜在危险的，则其安全等级为Ⅲ； ② 安全等级为Ⅲ、Ⅳ的转基因生物，经类型1的生产、加工活动而形成的转基因产品，如果安全性虽有增加，但对人类健康和生态环境仍可能产生中度危险，但是可以通过采取安全控制措施避免其潜在危险的，则其安全等级为Ⅲ； ③ 安全等级为Ⅲ的转基因生物，经类型2的生产、加工活动而形成的转基因产品，其安全等级仍为Ⅲ
安全等级Ⅳ	① 安全等级为Ⅰ、Ⅱ、Ⅲ的转基因生物，经类型3的生产、加工活动而形成的转基因产品，如果安全性严重降低，而且无法通过安全控制措施完全避免其危险的，则其安全等级为Ⅳ； ② 安全等级为Ⅳ的转基因生物，经类型2或类型3的生产、加工活动而形成的转基因产品，其安全等级仍为Ⅳ

27. 转基因植物试验方案

　　我国对转基因植物种植试验有严格的要求，其试验方案由试验地点（表1）、试验设计（表2）、安全控制措施（表3）三部分组成。

表 1　试验地点

1	提供试验地点的地形和气象资料，对试验地点的环境作一般性描述，标明试验的具体地点
2	试验地周围属自然生态类型还是农业生态类型。若为自然生态类型，则需说明距农业生态类型地区的远近；若为农业生态类型，列举该作物常见病虫害的名称及发生危害、流行情况
3	列举试验地周围的相关栽培种和野生种的名称，及常见杂草的名称并简述其危害情况
4	列举试验地周围主要动物的种类，是否有珍稀、濒危和保护物种
5	试验地点的生态环境对该转基因植物存活、繁殖、扩散和传播的有利或不利因素，特别是环境中其他生物从转基因植物获得目的基因的可能性

表 2 试验设计

1	田间试验的起止时间
2	试验地点的面积（不包括隔离材料的面积）
3	转基因植物转化体、材料名称（编号）
4	转基因植物各转化体或材料在各试验地点的种植面积
5	转基因植物的用量
6	转基因植物如何包装及运至试验地
7	转基因植物是机械种植还是人工种植
8	转基因植物全生育期中拟使用农药的情况
9	转基因植物是否结实
10	是机械收获还是人工收获，如何避免散失
11	收获后的转基因植物及其产品如何保存

表 3 安全控制措施

1	隔离距离
2	隔离植物的种类及配置方式
3	采用何种方式防止花粉传至试验地之外
4	拟采用的其他隔离措施
5	防止转基因植物及其基因扩散的措施
6	试验过程中出现意外事故的应急措施
7	收获部分之外的残留部分如何处理
8	试验地的监控负责人及联系方式
9	试验地是否留有边界标记
10	试验结束后的监控措施和年限

28. 转基因植物各阶段申报要求

我国对转基因植物中间试验的报告（表1）、环境释放的申报（表2）、生产性试验的申报（表3）也都有严格的要求。

表1 中间试验的报告要求

项目名称	应包含目的基因名称、转基因植物名称、试验所在省（市、自治区、直辖市）名称和试验阶段名称4个部分，如转 *Bt* 杀虫基因棉花在河北省和北京市的中间试验
试验转基因植物材料数量	一份报告书中转化体应当是由同种受体植物（品种或品系不超过5个）、相同的目的基因、相同的基因操作所获得的，而且每个转化体都应有明确的名称或编号
试验地点和规模	应在法人单位的试验基地进行，每个试验点面积不超过4亩（1亩＝666.7平方米，多年生植物视具体情况而定）；试验地点应明确试验所在的省（市、自治区、直辖市）、县（市）、乡、村及其坐标
试验年限	一般为1~2年（多年生植物视具体情况而定）
附件资料	① 目的基因的核苷酸序列及其推导的氨基酸序列； ② 目的基因与载体构建的图谱； ③ 目的基因与植物基因组整合及其表达的分子检测或鉴定结果（PCR检测、Southern杂交分析或Northern分析结果）；

（续表）

附件资料	④ 转基因性状及其产物的检测、鉴定技术； ⑤ 试验地点的位置地形图和种植隔离图； ⑥ 中间试验的操作规程（包括转基因植物的贮存、转移、销毁、收获、采后期监控、意外释放的处理措施以及试验点的管理等）； ⑦ 试验设计（包括安全性评价的主要指标和研究方法等，如转基因植物的遗传稳定性、农艺性状、环境适应能力、生存竞争能力、外源基因在植物各组织器官的表达及功能性状的有效性等）

表2　环境释放的申报要求

项目名称	应包含目的基因名称、转基因植物名称、试验所在省（市、自治区、直辖市）名称和试验阶段名称4个部分，如转 *Bt* 杀虫基因棉花NY12和NM36在河北省和北京市的环境释放
试验转基因植物材料数量	一份申报书中转化体应当是由同一品种或品系的受体植物、相同的目的基因、相同的基因操作方法所获得的，每个转化体都应有明确的名称或编号，并与中间试验阶段的相对应
试验地点和规模	每个试验点面积不超过30亩（一般大于4亩，多年生植物视具体情况而定）。试验地点应明确试验所在的省（市、自治区、直辖市）、县（市）、乡、村及其坐标
试验年限	一次申报环境释放的期限一般为1～2年（多年生植物视具体情况而定）

（续表）

附件资料	① 目的基因的核苷酸序列及其推导的氨基酸序列； ② 目的基因与载体构建的图谱； ③ 目的基因与植物基因组整合及其表达的分子检测或鉴定结果（PCR 检测、Southern 杂交分析、Northern 或 Western 分析结果、目的基因产物表达结果）； ④ 转基因性状及其产物的检测、鉴定技术； ⑤ 实验研究和中间试验总结报告； ⑥ 试验地点的位置地形图； ⑦ 环境释放的操作规程（包括转基因植物的贮存、转移、销毁、收获、采后期监控、意外释放的处理措施以及试验点的管理等）； ⑧ 试验设计（包括安全性评价的主要指标和研究方法等，如转基因植物的遗传稳定性、农艺性状、环境适应能力、生存竞争能力、外源基因在植物各组织器官的表达及功能性状的稳定性、与相关物种的可交配性及基因漂移、对非靶标生物的影响等）

表3　环境释放的申报要求

项目名称	应包含目的基因名称、转基因植物名称、试验所在省（市、自治区、直辖市）名称和试验阶段名称 4 个部分，如转 *Bt* 杀虫基因棉花 NY12 在河北省和北京市的生产性试验
试验转基因植物材料数量	一份申报书只能申请 1 个转化体，其名称应与前期试验阶段的名称或编号相对应

（续表）

试验地点和规模	应在试验植物的适宜生态区进行，每个试验点面积大于 30 亩（多年生植物视具体情况而定）；试验地点应明确试验所在的省（市、自治区，直辖市）、县（市）、乡、村及其坐标
试验年限	一次申报生产性试验的期限一般为 1～2 年（多年生植物视具体情况而定）
附件资料	① 目的基因的核苷酸序列及其推导的氨基酸序列； ② 目的基因与载体构建的图谱； ③ 目的基因与植物基因组整合及其表达的分子检测或鉴定结果（PCR 检测、Southern 杂交分析、Northern 或 Western 分析结果、目的基因产物表达结果）； ④ 转基因性状及其产物的检测和鉴定技术； ⑤ 环境释放阶段审批书的复印件； ⑥ 各试验阶段试验结果及安全性评价试验总结报告； ⑦ 试验地点的位置地形图； ⑧ 生产性试验的操作规程（包括转基因植物的贮存、转移、销毁、收获、采后期监控、意外释放的处理措施以及试验点的管理等）； ⑨ 试验设计（包括安全性评价的主要指标和研究方法等，如转基因植物的遗传稳定性、生存竞争能力、基因漂移检测、对非靶标生物的影响，食品安全性如营养成分分析、抗营养因子、是否含毒性物质、是否含致敏原，标记基因的安全性，必要的急性、亚急性动物试验数据等）

29. 转基因植物安全证书的申报要求

经过一系列的安全评价之后，转基因植物才可以进行最后一个阶段安全证书的申报（表1）。在任何一个阶段发现任何一个对健康和环境不安全的问题，都不会发放农业转基因生物安全证书。需要说明的是，发放农业转基因生物安全证书并不等同于允许商业化生产，相关的单位和企业还需要取得转基因植物品种审定证书，转基因作物种子生产许可证和经营许可证，转基因种子才能最终种到地里。

表1　安全证书的申报要求

项目名称	应包含目的基因名称、转基因植物名称等几个部分，如转 *cry1Ac* 基因抗虫棉花 XY12 的安全证书
转基因植物材料数量	一份申报书只能申请转基因植物 1 个转化体，其名称应与前期试验阶段的名称或编号相对应
有效期	首次申请安全证书的有效期不超过 5 年；需要延续的，应当在有效期届满前 1 年内向农业转基因生物安全管理办公室提出申请，经农业转基因生物安全委员会评价后提出是否准予延续及延续有效期的意见，由农业农村部作出决定

（续表）

附件资料	① 目的基因的核苷酸序列及其推导的氨基酸序列； ② 目的基因与载体构建的图谱； ③ 目的基因与植物基因组整合及其表达的分子检测或鉴定结果（PCR 检测、Southern 杂交分析、Northern 或 Western 分析结果、目的基因产物表达结果）； ④ 转基因性状及产物的检测和鉴定技术； ⑤ 各试验阶段审批书的复印件； ⑥ 各试验阶段的安全性评价试验总结报告； ⑦ 转基因植物对生态环境安全性的综合评价报告； ⑧ 食品安全性的综合评价报告，包括：必要的动物毒理试验报告、食品过敏性评价试验报告、与非转基因植物比较其营养成分及抗营养因子分析报告等； ⑨ 该类转基因植物国内外生产应用概况； ⑩ 田间监控方案，包括监控技术、抗性治理措施、长期环境效应的研究方法等； ⑪ 审查所需的其他相关资料

参考文献

［1］师高民. 五谷"起源考之三：大豆和玉米［J］. 中国粮食经济，2021，353（01）：76.

［2］赵志军，杨金刚. 考古出土炭化大豆的鉴定标准和方法［J］. 南方文物，2017（03）：149-159.

［3］田清震. 中国野生大豆与栽培大豆 AFLP 指纹分析及生态群体遗传关系研究［D］. 南京农业大学，2000.

［4］韩松洋. 神奇的食物——大豆［J］. 大豆科技，2020（03）：43-45.

［5］谈宜斌. 菰米：中国人曾经的主食［N］. 科技日报，2021-09-03（008）.

［6］石晓丹，王家林，马骏. 纳豆的研究现状及展望［J］. 食品工业，2021，42（07）：227-230.

［7］朱秀敏. 大豆中的生物活性物质［J］. 现代农业，2011（03）：108-109.

［8］孙维琦. 大豆提取物对辐射损伤保护作用的研究［D］. 吉林大学，2007.

［9］念安. 解读中国居民平衡膳食宝塔（2022）［J］. 中国食品工业，2022，348（10）：82-83.

［10］潘新颖，王春雷，杨丽丽. 豆浆中毒的预防［J］. 山东食品科技，2004（02）：15.

［11］ 逻辑. 如何挑选酱油［J］. 中国标准导报，2001（06）：14.

［12］ 王英. 说说酱油标准主要指标［J］. 监督与选择，2007（06）：38-39.

［13］ 于惠林，贾芳，全宗华，等. 施用草甘膦对转基因抗除草剂大豆田杂草防除、大豆安全性及杂草发生的影响［J］. 中国农业科学，2020，53（06）：1166-1177.

［14］ 冯华，蒋建科，陈一鸣. 转基因大豆安全吗？［N］. 人民日报，2012-12-20（004）.

［15］ 徐鸣. 农业转基因技术与风险管控［J］. 唯实，2015（11）：4-6.

［16］ 马爱平. 去年进口九千万吨大豆，确保百姓"吃好"［N］. 科技日报，2018-01-31（003）.

［17］ 安鹏天，雷早娟. 进境转基因大豆知多少［J］. 中国海关，2021（05）：29.

［18］ 农业农村部办公厅关于印发《大豆振兴计划实施方案》的通知［J］. 中华人民共和国农业农村部公报，2019（03）：51-53.

［19］ 石慧. 大豆在美国的引种推广及本土化研究［D］. 南京农业大学，2018.

［20］ 石慧，王思明. 相对优势地位的转变：中美大豆发展比较研究［J］. 中国农史，2018，37（05）：56-62.

［21］ 农业农村部农业贸易促进中心. 世界大豆生产和贸易演

变［J］.农产品市场，2019（15）：63.

［22］王红蕾.浅谈中国2020年度大豆行业市场状况与区域竞
争格局［J］.山西农经，2021（04）：104-105.

［23］石秀华.从大豆风波看中国的食用植物油产业安全［J］.
理论月刊，2015（01）：122-125.

［24］涂永前，王晓天.消费者知情权、政府信息供给义务与
我国转基因食品标识制度的完善［J］.学术论坛，2019，
42（03）：52-60.

［25］常汝镇.我的老师王金陵教授［J］.大豆科技，2011
（02）：3-4.

［26］李文滨，王志坤.传承发扬，继续前行——纪念王金
陵教授诞辰100周年［J］.大豆科学，2017，36（06）：
839-840.

［27］农业农村部关于修改《农业转基因生物安全评价管理办
法》等规章的决定［J］.中华人民共和国国务院公报，
2022，No.1766（11）：38-42.